KB155817

우리 강아지도 매일 10분이면 천재견

누구나 쉽게 따라하는 반려견 트레이닝!

전용진 지음
펫라이크 엮음

박영story

이 책을 읽으시는 독자분들 대부분은
한 번쯤 반려견 때문에 힘들고, 스트레스받고, 고통스러웠던 적이 있을 겁니다.
반려견 때문에 행복하고, 힘이 되고, 인생이 바뀌기도 하지만
불행하게도 항상 좋은 순간만 존재하지는 않습니다.
반려견 때문에 스트레스받고, 고통받게 되어 삶이 불행해졌다고 생각하는 분들로 인하여
한 해 버려지는 유기견의 수가 무척 많습니다.
이러한 문제는 서로 다른 존재인 반려견과 보호자가
서로에 대해 너무 모르는 채로 같이 살아가기 때문에 나타나는 현상입니다.

모든 문제의 답은 보호자에게 달려 있습니다.
반려견과 같이 살아가겠다고 결정한 순간부터
보호자는 반드시 반려견에 대해 공부하여 이해하는 방법을 배워야 합니다.
그래야 반려견과 보호자 모두가 행복해질 수 있습니다.
이제는 더 이상 가축으로서의 개가 아닌 반려견으로서
우리의 삶에 많은 비중을 차지하고 있을 정도로
무척이나 중요하고, 소중한 존재가 되었습니다.

반려견이 자신이 살아가고 있는 세상을 무서워하고, 두려운 곳으로 생각하고 있다면
교육을 통해 반려견에게 세상은 생각하는 것보다 훨씬 아름답고, 좋은 곳이라는 것을 알려 주어야
합니다.

이 책을 통하여 반려견과 보호자 모두가 행복한 삶을 살아가길 바랍니다.
감사합니다.

이 책에는 반려견을 키우는 사람뿐만 아니라 일상에서 누군가의 반려견을 접하는 모든 사람들이 알아야 할 가장 기본적인 내용들이 담겨져 있습니다.
반려견과 함께 조화롭게 살아가는 모습을 꿈꾸며 만들었습니다.
이 책을 통해 나의 소중한 반려견, 누군가의 소중한 반려견의 마음을 조금이나마 더 이해할 수 있길 바랍니다.

반려견의 행동은 보호자의 교육에 따라 변화됩니다.
따라서 반려견의 행동을 교육시키기 위해서는 보호자가 먼저 학습해야 합니다.
'저 강아지는 저렇게 말을 잘 듣는데 우리 강아지는 왜 말을 안 듣지?'라고 불평하는 것이 아니라
'우리 강아지를 위해 내가 더 공부해야겠구나'라고 생각해야 합니다.
사랑하는 마음만으로 반려견을 키우기란 보호자에게도 반려견에게도 너무나 힘든 일입니다.
교육은 보호자뿐만 아니라 여러 가지 위험에 노출되는 반려견을 위해서도 꼭 필요합니다.

책에 등장하는 발랄한 킹찰스 스패니얼 '라이'는 이제 어엿한 15개월 성견이 되었습니다.
사회화 교육을 하며 처음 산책을 나가던 때가 엊그제 같은데 벌써 시간이 이렇게 흘렀네요.
겁이 없어서 아무데나 뛰어들고 아무거나 입에 넣고 보던 '라이'를 키우면서 눈앞이 캄캄했지만,
차분하게 끈기를 가지고 트레이닝을 한 결과 지금은 걸음을 맞추며 함께 산책을 하고, 정해진 시간에 주어진 양의 식사만 하는 젠틀한 '라이'가 되었습니다.

트레이닝이라고 하면 너무 어려워 보이고 '내가 할 수 있을까?', '전문가만 할 수 있는 게 아닌가?' 라는 생각이 먼저 들지만 이 책을 따라 하루 10분만 반려견에게 집중한다면, 누구나 쉽게 트레이너 가 될 수 있습니다.

무리하지 말고 반려견이 할 수 있는 만큼만 지속적으로 반복하며 진도를 나가다 보면, 어느새 우리 강아지도 '천재견'이 되어 있을 거예요.

차례

prologue

| 클리커란?

클리커란 "딸깍" 소리가 나는 도구로, 이 "딸깍" 소리는
동물에게 사람의 육성에 담긴 감정으로 인한 오해를 주
지 않고, 항상 일관적인 무감정의 소리를 냄으로써 교육
의 효과를 극대화시켜 주는 도구입니다.

클리커
트레이닝이란?

"원하는 행동을 할 경우 원하는 것을 얻을 수 있고, 원하지 않는 행동을 할 경우 원하는 것을 얻을 수 없다"라는 "긍정강화"와 "부정처벌"을 기본 개념으로 사용하며, 물리적 외압, 강압 없이 비강압적이고 인도적으로 진행하여 동물이 더 쉽게 이해하고 효과적으로 익힐 수 있도록 하는 훈련 방법입니다.

클리커 HISTORY

1960년대 하와이의 비강압적인 돌고래 트레이닝에서 시작을 하였으며, 행동심리학자인 B.F 스키너 박사의 조작적 조건형성에 기반을 둔 클리커 트레이닝이 개발되고, 카렌 프라이어(Karen Pryor)에 의해 널리 알려진 교육 방법입니다. 클리커 트레이닝은 개뿐만 아니라 고양이, 새, 동물원의 동물들, 더 나아가 태그티칭(TAGteaching)이라고 하여 사람에게도 적용되는 방법입니다.

| 클리커 사용 연습

클리커를 아무때나 누른다?!
NO NO!
클리커는 나와 반려견의 신호가 될 수 있도록
사용할 때 주의해야 합니다.

01)

작은 간식 또는 잘게 자른 간식 준비!

02)

한 손엔 간식, 다른 한 손엔 클리커를 쥐고 차렷!

03)

클리커를 짧게 눌러 "딸깍" 소리를 낸 후 간식을 주세요!

04)

간식을 주고 난 뒤엔 차렷자세로 돌아오세요!

PART 01

사회화 교육

친해지기 어려운 너와 나의 관계! – 사회화 교육

"강아지의 올바른 매너는 보호자의 올바른 방법으로 만든다!"

작고 귀여운 우리 강아지!
무슨 짓을 하더라도 용서가 돼요!

하지만!

언제까지고 물고, 짖고,
뛰어다녀도 될까요?

|사회화의 중요성

개의 입장에서는, 작고, 귀여운 어린 시절에는 물고 짖고 뛰어다니면 내 보호자가 좋아했는데 언제부턴가 갑자기 내 행동을 보고 보호자가 소리를 지르고, 벌을 주고 심지어 때리기까지 하면 영문도 모르고 혼이 나는 상황이 됩니다. 이로 인해 계속해서 보호자와 풀리지 않는 대립을 하게 되며, 그 과정에서 좋지 않은 행동이나 성격이 형성되게 됩니다.

| 사회화 조기교육

'조기교육이 굉장히 중요해!'라고 생각은 하지만 막상 시기를 놓쳤거나, 시간이 없거나, 혹은 방법을 모르거나, 심지어는 잘못된 방법을 사용해서 개에게 안 좋은 영향을 끼치는 경우가 있습니다. 이러한 행동은 굉장히 무책임한 태도이며, 개들의 문제행동의 원인이 곧 보호자에게 있음을 나타냅니다.

"새끼 때는 그냥 잘 먹고, 잘 싸고, 잘 자고, 건강한 게 최고지, 교육을 시키는 건 오히려 안 좋다?!"

맞는 말! 하지만!

육체의 건강이 중요한 것만큼,
정신적 건강도 굉장히 중요!

개들도 인간과 마찬가지로 각자의 성향과 성격이 다름으
로 그에 맞게 교육을 해 주는 것이 중요합니다. 에너지가
너무 강한 경우에는 침착하게, 너무 소심한 경우에는 좋
은 활력을 불어넣어 주는 식으로 교육해야 합니다.

사회화 시기

1차 사회화 : 생후 4주 ~ 8주
2차 사회화 : 생후 8주 ~16주

1차 사회화 시기에는 어미개로부터 바디랭귀지와 사회적
기술을 배웁니다. 사회 능력을 학습에 의해 배우므로 그
만큼 민감한 시기입니다. 이때 좋지 않은 자극에 장시간
노출이 될 경우 두려움을 많이 타는 성향으로 발전될 가
능성이 높습니다.

2차 사회화는 두려움이 최고조인 시기!

개의 성격은 유전적인 기질의 영향이 있지만, 대부분 이
시기의 경험들로 결정됩니다. 모든 자극을 긍정적으로 연
계시켜 주어야 하며, 이러한 노력 없이 반려견이 자극에
노출되면 부정적인 영향을 받게 됩니다.

육체의 건강이 중요한 것만큼,
정신적 건강도 굉장히 중요합니다.

|친해지기

산책을 나가기 전, 산책보다 더 중요한 것은
충분한 준비!

준비물은 미리 대비하여 꼭 챙겨야 하며,
사회화 시기의 반려견이라면 더더욱 트릿을 꼭 챙겨야 해요!

준비물
① 사료 or 간식 ② 트릿 파우치 ③ 배변봉투
④ 목줄과 리쉬 ⑤ 클리커

땅과 친해지기 - 흙, 잔디, 낙엽, 콘크리트, 철, 물

견생 처음
밟아 보는 느낌!

HOW TO TEACH

1. 준비물을 챙긴 뒤 반려견과 산책을 진행하며 다양한 종류의 지면을 지나가거나, 밟을 때마다 좋아하는 트릿을 줍니다.

2. 한 번에 많은 자극을 경험하기보단, 반려견의 성향에 맞춰 하나씩 차근차근 진행하는 것이 좋습니다.

3. 오랜 시간 1번의 산책보단, 짧은 시간 5번의 산책이 훨씬 좋습니다.

4. 물웅덩이나 흐르는 물을 만난다면, 더러워지는 걱정은 잠시 접어두고 반려견이 신나게 놀고, 만지고, 젖는 긍정적인 경험을 할 수 있도록 해 주세요. 그러면 후에 목욕이나, 물에 대한 두려움에도 반드시 도움이 됩니다.

주의해 주세요

반려견마다 두려움을 느끼는 자극의 단위가 다르기 때문에, 어떤 반려견은 낙엽을 밟는 소리에 아무렇지 않겠지만, 어떤 반려견은 엄청나게 무서운 경험일 수 있습니다. 그렇기에 보호자는 최대한의 가능성을 열어두고 산책을 진행해야 합니다.

사람과 친해지기 - 남/녀/노/소

HOW TO TEACH

1. 산책을 하던 중 타인을 만나게 되면 미리 정중히 부탁을 드린 뒤, 갖고 있는 트릿을 전달 후 반려견의 옆쪽에 앉아서 손바닥으로 혹은 땅바닥으로 전달해 줍니다.
2. 타인이 근처로 다가오는 것 자체를 두려워한다면, 타인이 지나갈 때 혹은 근처에 있을 때 보호자가 직접 좋아하는 트릿을 제공해 줍니다.

주의해 주세요

어린아이들의 경우 강아지를 보면 귀엽고, 예쁜 마음에 소리를 지르며 무작정 정면으로 뛰어오거나, 뒤에서 갑자기 다가와서 반려견을 놀래키는 경우가 많습니다. 이런 상황은 반려견이 나중에 어린아이들에 대한 경계심을 가지게 되는 지름길이며, 보호자가 절대로 그냥 지나쳐서는 안 되는 경우입니다. 그렇다고 무작정 다가오지 말라고 하기보다는 설명을 잘하여, 어린아이들에게 반려견을 대하는 올바른 태도를 알려 준다면 분명 좋은 문화가 발전될 것입니다.

또한, 덩치가 큰 남성, 여성이 정면으로 다가온다면 반려견에게 위협적으로 보일 수 있으며, 술에 취한 취객은 그 외형적 행동과 냄새가 굉장히 낯설게 느껴질 수 있습니다. 이럴 때는 보호자가 미리 감지를 하여 이들과 거리가 가까워지기 전에 피해서 돌아가거나, 피해서 돌아갈 수 없을 경우엔 반려견이 좋아하는 트릿을 빠른 횟수로 제공해 주는 노력을 해 주어야 합니다.

사물과 친해지기 - 자전거, 유모차, 휠체어, 오토바이 등

HOW TO TEACH

1. 움직이는 상태를 먼저 만나기보다는 집 근처에서 쉽게 접할 수 있는 곳을 찾은 뒤 정지되어 있는 상태에서부터 시작을 해 두는 것이 좋습니다.
2. 지인의 도움을 받을 수 있다면, 정지되어 있는 상태부터 조금씩 움직이는 상태까지 다양한 상황을 연출하여 반려견에게 긍정적인 적응을 시켜 주는 것이 좋습니다.

개라는 동물은 보통 빠르게 움직이는 물체에 반응하는 습성이 있습니다.

그렇기에 비교적 빠르고, 거리가 짧은 상태에서 움직이는 자전거나 오토바이에 비교적 더 민감하기 때문에 정지되어 있는 상태에서 많은 시간을 투자하여 반드시 천천히 조금씩 진행을 시켜야 함을 잊지 말아야 합니다.

안녕? 친구들! – 비둘기, 참새, 까치, 까마귀, 쥐, 고양이 등

HOW TO TEACH

1. 반려견이 다른 동물을 인지하는 거리를 파악한 뒤 그 거리에서 '앉아'나 다른 간단한 행동을 시킨 뒤 좋아하는 트릿을 제공합니다.

2. 반려견이 다른 동물을 보고 무작정 달려들려 한다면 절대 끌려가거나, 억지로 당기지 말고 침착해질 때까지 기다린 뒤 침착해진다면 좋아하는 트릿을 제공합니다.

주의해 주세요

길고양이들에게 민감한 반려견들을 제어하지 못하고 놓친다면, 자칫 싸움으로 번질 수 있으며 길고양이들의 날카로운 발톱에 반려견이 치명상을 입을 수 있습니다. 그러므로 다른 동물을 만났을 때 달려들거나 흥분하지 않고 잘 기다리면 좋아하는 트릿이 제공된다는 연계를 시켜 주면 후에 성견이 되었을 때 편안한 산책을 할 수 있습니다.

꼭 알아두세요!

가장 안타까운 점은 많은 보호자들이 반려견의 사회화 시기를 잘 보내도록 해 주지 않았으면서, 6개월 이상의 나이가 되었을 때 문제 행동이 하나둘씩 생겨나면 그때서야 후회를 하고, 반려견 탓을 한다는 점입니다. 사람 아이에게 예방접종주사를 맞히지도 않아 놓고, 감기에 걸리면 왜 감기에 걸렸냐고 아이에게 핀잔을 주는 것과 똑같습니다.

이처럼 사회화의 가장 중요한 점은 바로 예방입니다. 깨끗한 스케치북에 그림을 그려 나가는 것은 쉽지만, 이미 낙서가 가득하여 더러워진 스케치북을 지우개로 지우고 다시 그림을 그린다는 것은 굉장히 어렵고, 시간이 오래 걸리는 일입니다. 새끼 강아지 시절 단지 이쁘다는 이유로 모든 것을 방치해 두고, 이뻐해 주기만 한다면 그것은 병을 키우는 지름길입니다. 인간은 개라는 동물과 약 15~20년을 같이 살아갑니다. 반려견과 2개월간의 사회화시기를 잘 보낸다면 20년이 편할 것입니다.

TIP!
반려견이 주는 영향

한 연구에 따르면, 규칙적인 산책을 통해 자연스럽게 몸을 자주 움직이게 되어 혈압과 당뇨 위험을 낮출 수 있고 건강관리에 도움이 된다고 합니다. 아이와 함께 강아지를 키울 경우에는 면역력이 높아지고 아토피, 또는 피부 알러지에 걸릴 확률이 낮다고 합니다. 아이들은 강아지를 키우면서 타인을 보살피고 소통할 수 있는 교감 능력도 함께 향상됩니다.

추천!

사회화에 도움이 되는 장소?　　　반려견 복합시설 비안코 이탈리아(청담)

PART 02

초인종 교육

'띵동'소리만 들리면 마구 짖어요! – 초인종 교육

"'띵동'

소리만 들리면 마구 짖어요!

어떻게 하면 좋을까요?**"**

낯선 소리에 반응하고 짖는 어린 강아지 시절 대부분의 강아지들이 초인종 소리에 짖습니다. 성견이 되어서 같은 문제가 발생하면, 보호자가 스트레스를 받아 반려견에게 짜증을 내고 화를 내는 등 보호자의 삶에 문제를 일으키게 됩니다.

이 문제를,

"파블로프의 조건반사"

라고 합니다. 즉 '고전적 조건화'를 이용하여 교육하면, 반려견에게 짜증을 내고 화를 내고 스트레스를 받는 일은 없을 거예요!

띵동!
초인종 소리 녹음

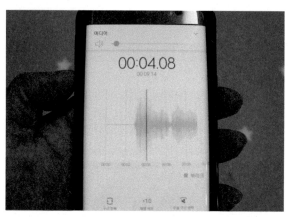

녹음된 소리를
들려 주세요.

띵동! 하면
간식을 주네!

HOW TO TEACH

1. 초인종 소리를 핸드폰 녹음기능을 이용하여 녹음을 합니다.
2. 녹음된 초인종 소리의 볼륨을 최대한 낮게 설정한 뒤 들려주고 간식이나 사료, 장난감을 제공합니다.
3. 반려견의 상태를 확인하며(스트레스를 받지 않는 상태) 볼륨을 조금씩 높이면서 좋아하는 것을 제공해 줍니다.
4. 마지막에는 실제 초인종 소리를 들려주면서 좋아하는 것을 제공해 줍니다.

정말 간단하죠? 사실 사회화 시기의 교육은 굉장한 기술을 필요로 하는 것이 절대 아닙니다. 그저 자극에 좋아하는 것을 연계만 시켜 주어도 굉장한 교육이 되는 것입니다.

1. 고개를 갸우뚱?!

반려견이 고개를 갸우뚱 거린다면 '상대방에게 집중하고 있다'는 뜻! 상대방에게 신경을 쓰고 있다는 것을 보여주고 싶을 때 혹은 실제로 들리는 소리에 집중하고 있을때 고개를 갸우뚱 합니다.

2. 꼬리를 하늘 높이 세운다?!

반려견이 꼬리를 곧게 세운다면, 경계하고 있다는 뜻! 이때 경계하는 것은 무서워서가 아니라 자신의 우월감을 드러내기 위해서입니다.

3. 몸을 자꾸 긁는다?!

피부병에 걸리지 않았는데 몸을 긁는다면, '불안'과 '공포'를 느끼는 것! 또는 스트레스가 극에 달했을 때 나오는 행동입니다. 이런 상황일 땐 반려견에게 지속적으로 관심을 가져 주시기 바랍니다.

4. 등을 돌리고 앉는다?!

반려견이 등을 돌리고 앉는다면, 상대방을 싫어하는 게 아닙니다! 반대로 믿고 있다는 뜻입니다. 상대방과 함께 있으면 편안하고 안심할 수 있다는 의미입니다.

5. 물건을 물어뜯는다?!

집에 혼자 있을 때 물건을 물어뜯는다면, 반려견이 외롭고 스트레스를 받고 있다는 뜻! 반려견은 말썽을 피울 때 보호자가 관심을 가져 준다고 생각합니다.

꼭 알아두세요!
- 강아지의 발달단계

• 신생아 단계 (출생 ~ 2주)

― 출생 후 촉각과 미각이 바로 나타납니다.
― 이 시기에는 엄마가 가장 큰 영향력을 행사합니다.

• 과도기 단계 (2주 ~ 4주)

― 엄마와 형제자매들이 강아지의 행동에 영향을 줍니다.
― 눈을 뜨고 청각과 후각이 발달하고, 이빨이 나기 시작
합니다.
― 일어서고, 약간씩 걸을 수 있으며, 꼬리를 흔들고, 짖기
시작합니다.
― 4~5주 정도부터는 시력이 발달합니다.

• 사회화 단계 (3주 ~ 12주)

― 이 시기에는 다른 반려동물과 사람들을 만나야 합니다.
― 3~5주 무렵부터 강아지는 주변 환경, 사람 그리고
관계를 인식합니다.
― 4~12주 무렵부터 사람들과의 상호작용은 더 많은
영향을 미칩니다. 놀이를 배우고, 사교술을 발달시키
며, 물기 억제력을 배우고, 계급을 탐색합니다.
― 5~7주 무렵, 강아지는 호기심을 발달시키고 새로운
경험을 개척하므로 인간과의 긍정적인 상호작용이 필
요합니다.
― 7~9주부터는 자신의 감각을 완전히 이용할 수 있으
므로 배변 교육이 가능합니다.
― 8~10주부터는 일상의 물건 및 경험으로 두려움을
경험할 수 있게 되므로 긍정 강화물이 필요합니다.

- 서열 단계 (3개월 ~ 6개월)

　− 강아지의 놀이그룹은 자신의 삶에 큰 영향을 주게
　　됩니다.
　− 무리 내에서의 서열은 이 단계에 있는 강아지에 의해
　　보여지고 사용됩니다.

- 청소년 단계 (6개월 ~ 18개월)

　− 반려견 무리 구성원에 의해 가장 많은 영향을 받습
　　니다.
　− 7~9개월부터는 자신의 영역을 더 많이 탐색하기 시작
　　합니다.

PART 03

보행 교육

반려견과 편안하게 산책하고 싶어요! - 보행 교육

"같이 산책하러 가고 싶어요."

"산책할 시간이 없어요."

"산책할 곳이 없어요."

꼭 알아두세요!

반려견에게 행동 문제가 생겼을 경우, 반려견의 탓으로 돌리는 어리석은 행동을 자주 볼 수 있습니다. 입장을 바꿔서 내가 하루 종일, 또는 며칠, 심지어 몇 주 동안 밖에 나가지 못했다고 생각을 해 보면 어느 정도 반려견의 마음을 알 수 있습니다. 산책을 나가지 않으면 육체적, 정신적으로 많은 문제가 생깁니다.

육체적으로는 근육의 발달이 올바르게 되지 않고, 발톱이 길어지며, 미끄러운 바닥에서 주로 지내면서 관절 건강에도 이상이 생깁니다. 후각 역시 영향을 받습니다.

정신적으로는 사회적 요소를 접하지 못해 다른 자극에 대하여 두려워하고 낯을 가리게 되며, 스트레스를 받아 행동 문제를 일으킬 수 있습니다. 또한, 많은 보호자들 역시 산책 시 올바르지 않은 산책 때문에 스트레스를 받고 힘들어하며 심지어는 다치기까지 합니다.

산책 시 가장 많이 발생하는 문제는?
"줄을 심하게 당기는 경우"

주의해 주세요

이 문제는 견종, 크기와 상관없이 굉장히 위험할 수 있습니다. 특히 대형견이라면 더 위험합니다. 산책 시 대형견이 무언가 자극에 놀라 갑자기 튀어나가는 힘은 300~400kg의 무게와 동일하다는 연구결과가 있습니다. 튀어나가는 행동을 예상하지 못한다면 아무리 힘 좋은 성인 남성이라도 순간적으로나마 끌려가게 됩니다. 그러나 보호자들은 반려견이 앞으로 튀어나가려고 하면 대개 그것을 억제하기 위해 반대로 잡아당기기 일쑤입니다.

어쩔 수 없는 작용/반작용의 원리이죠. 그렇다 보니 목줄을 한 반려견은 목쪽에 무리가 가고, 하네스를 한 반려견은 흉부, 겨드랑이에 무리가 가게 됩니다.

"그렇기에 우리는 올바른 산책을 하는 교육법을 필수적으로 알아야 합니다."

|준비하기

산책을 위한 준비물!

준비물은 빠짐없이 미리 준비해 주세요.
목줄을 잡은 손에 많은 걸 들고 있으면 위험해요!
불필요한 물건은 가방에 넣어 주세요.

준비물
① 사료 or 간식   ② 트릿 파우치   ③ 배변봉투
④ 목줄과 리쉬   ⑤ 클리커

HOW TO TEACH

("클릭→트릿" 은 "C/T" 로 표기)

1. 목줄/가슴줄은 빠지지 않을 정도로 조절한 뒤 리쉬는 2미터를 넘지 않게 합니다(2미터 이상의 긴 리쉬를 사용할 경우 보호자가 컨트롤하기 힘들 뿐더러, 다칠 위험도 있습니다).

2. 걷는 도중 반려견이 리쉬를 팽팽하게 당기면 제자리에서 멈추고, 팽팽해진 리쉬가 느슨해지면 C/T를 합니다.

3. 2번을 반복·강화시켜 줍니다(이때, 팽팽해진다고 리쉬를 잡아당기면 절대 안 되고 반려견 스스로 느슨해지게 만들도록 시간을 충분히 줍니다).

4. 3번이 잘 되면 반려견은 아마 보호자를 바라보거나 혹은 다가오는 행동을 하게 될 겁니다. 다가오지는 않고 바라보기만 한다면 바라보는 즉시 C/T를 해 주시고, 다가온다면 다가온 순간 C/T를 하여 단계에 맞는 행동을 계속 강화시켜 줍니다.

5. 4번을 반복·강화시켜 줍니다(바라보기만 하는 반려견은 어느 정도 반복하여, 잘하면 바라볼 때는 무시하고 다가올 때만 C/T를 해 주시면 됩니다).

6. 5번까지 잘 되었다면 보호자가 멈추는 즉시 다가오는 시간이 짧아졌음을 느끼실 겁니다. 이제는 반려견이 다가올 때 C/T를 하지 않고, 반려견이 다가온 뒤 한 발자국 앞으로 가면서 C/T를 해 줍니다.

7. 이제 반려견이 보호자의 산책방법을 이해했다면 한발자국, 또 한 발자국 조금씩 늘려 가면서 천천히 교육을 진행합니다.

줄이 팽팽해지면
멈춰서 기다려요.

주의해 주세요

주의해야 될 점은 1번~7번까지의 교육방법을 한 번 산책 나갔을 때 전부 하려고 하면 안 된다는 점입니다. 산책 교육뿐만 아니라 모든 교육은 하루에 조금씩, 반려견이 스트레스를 받지 않는 정도 선에서 진행을 해야 합니다. 어느 날은 1번 자체가 진행이 안 될 수도 있습니다. 왜냐하면 반려견마다 이해의 속도도 다르고, 성격도 다르기 때문이죠. 그렇기에 우리 보호자들은 반려견의 입장에서 생각하여 반려견이 충분히 숙지할 수 있도록 시간을 주어야 합니다.

TIP!
산책코스
- 전국 반려동물 놀이터(무료)

1. 어린이대공원 반려견 놀이터
2. 월드컵공원 반려견 놀이터
3. 보라매 공원
4. 서울 마들 스타디움
5. 일산호수공원 주제광장
6. 부천 상동 호수공원
7. 탄천 애견운동장
8. 분당 율동 공원
9. 성남 중앙공원
10. 광교 호수공원
11. 용인 구갈 레스피아
12. 서산휴게소(목포방향)
13. 가평휴게소(춘천방향)
14. 죽암휴게소(서울방향)
15. 진주휴게소(부산방향)
16. 덕평자연휴게소 달려라 KoKo

추천!
산책 필수 아이템

① 앳독 모이스트 간식

② 어반비스트 트릿백

③ 펫킷 휴대용 물병

④ 풉백 배변봉투

⑤ 라루 LED 목줄

⑥ 펫킷GO 스마트 리드줄

PART 04

배변 교육

아무데나 볼일 보는 반려견, 어떡하죠? – 배변 교육

많은 보호자들이 배변 교육에 대한 어려움을 갖고 있습니다. 어려움이 많은 만큼 교육방법도 다양합니다. 하지만 많은 방법을 복합적으로 사용하다 보니 오히려 문제가 되는 경우가 많아서 안타깝습니다.

"배변 교육 어렵지 않아요!"

방법이 여러 가지라고 이게 좋다, 저게 좋다 이렇게 따지는 것보단, 나의 반려견에게 어떤 방식의 교육이 더 적합한지를 생각하는 것이 더 현명합니다.
"어떻게 한다"에 초점을 맞추기 보단, 그 방법들만의 "원리"에 초점을 맞춰 따져 보아야 합니다.

HOW TO TEACH

1. 배변패드를 곳곳에 깔아 두기

　실내 배변의 경우 일정한 장소가 아닌 불특정한 장소에 대소변을 한다면 우선 배변패드를 반려견이 실수하는 곳곳에 많이 깔아 줍니다. 그 후 반려견이 패드에 대소변을 잘 볼 때마다 즉시 칭찬과 보상을 해 줍니다. 예를 들어 패드를 5장 깔아 두었다면 대소변을 잘 보는 곳의 패드는 남겨 둔 채로 다른 곳의 패드를 점차적으로 치워 줍니다.

2. 배변패드를 넓게 한곳에 깔아 두기

깔아 둔 패드 주변으로 자꾸 실수를 한다면 우선 패드의 면적을 넓혀 주는 게 좋습니다. 패드의 면적을 늘려주고 점차 면적을 조금씩 줄여 나가면 패드 밖에서 실수하는 경우는 줄어들게 될 것입니다.

3. 배변패드의 올바른 위치조정

반려견의 화장실은 한 공간 안에서 독립적인 공간이어야 합니다. 만약 배변패드가 물그릇, 밥그릇, 하우스 집안 물건과 같은 곳에 뒤엉켜 있다면 그곳을 화장실이라고 판단하기 힘듭니다. 따라서 배변패드는 독립적인 공간에 있는 것이 좋습니다. 또한 지면의 느낌으로도 판단하기 때문에 시중에 판매되는 배변판(다공성)이 배변의 확률을 높일 수 있습니다. 집안에 예쁜 러그, 카펫을 깔아 두면 그곳에 대소변을 보는 이유도 이와 같습니다. 그렇기 때문에 지면이 다른 곳을 이용하는 방법도 좋습니다(사람의 화장실을 배변장소로 기억하는 것이 이러한 원리입니다).

4. 스트레스, 분리불안, 관리, 환경

반려견의 배변문제는 위 3가지의 문제 이전에 스트레스, 분리불안, 관리 문제, 건강상의 문제, 환경 문제가 존재합니다. 오히려 실수하는 것을 교육하기보단, 이 문제들을 해결하다 보면 저절로 배변 교육이 되는 경우가 허다합니다. 꾸준한 산책, 행동풍부화 교육, 쾌적한 실내환경 조성, 반려견에게 맞는 화장실 조성 등 배변 교육 이전에 먼저 생각해야 할 것들을 조성해 주고 실천해 주면 문제점이라고 여겼던 것들이 저절로 바르게 잡혀질 것입니다.

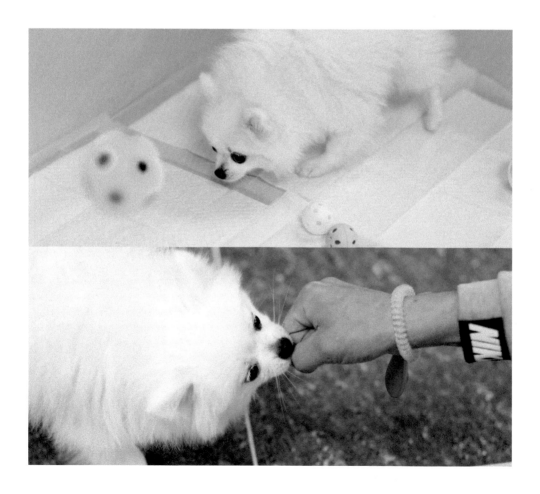

TIP!

변비에 좋은 음식?

일반적으로 강아지들은 환경에 변화가 생기면 48시간 정도 대변을 참을 수 있다고 합니다. 하지만 48시간이 지난 후에도 대변을 보지 못한다면 변비에 좋은 음식을 급여해 주어야 합니다.

1. 북어

혈액을 맑게 해 주는 역할을 하며 강아지들의 보양식으로 알려져 있습니다.

베터푸드 황태포 수제간식
www.dogjipsa.com (집사마트)

2. 시금치

식이섬유가 풍부하여 강아지 변비에 효과적입니다.

바우와우 시금치 비스킷

3. 바나나, 단호박, 고구마 등

식이섬유가 풍부하여 강아지 변비에 좋으며 단호박과 고구마는 삶아서 급여하시기 바랍니다.

베터푸드 단호박츄러스 수제간식

추천!

- 배변패드

고중량 아임독 파인패드는 SAP(고흡수분자)의 적절한
혼합으로 강력한 흡수력을 자랑합니다.

아임독 파인패드

반려견의 본능을 생각한 천연잔디 화장실로 매번 갈아줄
필요없이 2주 동안 사용할 수 있습니다.

콩스팟 잔디패느

PART 05

분리불안 교육 I

멀어지면 큰일나는 우리 사이! - 분리불안 교육 1

보호자들의 고민 1위! 분.리.불.안

분리불안은 말 그대로 반려견과
보호자가 분리되었을 시 나타나는
불안증세를 뜻합니다. 대표적인 증
상으로는 짖기, 낑낑대기, 하울링,
멈추지 않는 점핑, 집 안 어질러 놓
기, 배변실수 등이 일반적이며 심
할 경우엔 자해를 하는 경우도 있
습니다.

"어렸을 때부터 떨어져 있는
 교육을 받아야 해!"

"내가 없으면 불안해하는 우리
아이... 잠시도 떨어져 있고 싶지
않아."

혼자만의 공간을 만들어 주세요.

어릴 때부터 혼자만의 공간을 만들어 주는 크레이트 교육을 통해 분리불안을 예방할 수 있습니다. 2~3개월 된 강아지의 경우 한 공간에서 신나게 놀아 준 후 물과 밥을 줄 때는 크레이트 안에서 제공해 줍니다. 그리고 강아지가 밥을 먹을 때는 크레이트 문을 닫습니다.

이렇게 강아지 시절부터 '크레이트에서는 좋은 일이 생긴다'라는 인식을 만들어 주면 크레이트를 편안하게 생각하고, 보호자와 분리되는 것을 당연시하게 됩니다.

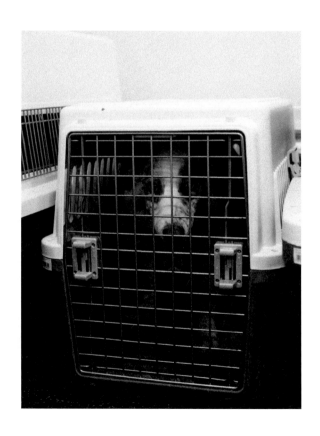

이 교육은 단기적으로 끝나는 것이 아니라 계속적으로
꾸준히 진행되어야 합니다.

꼭 알아두세요 !

반려견의 분리불안으로 인해 포기하고 제한되는 것들이
많아지면서 삶의 질이 낮아지는 경우가 많습니다. 또한
이사, 문화활동, 사람들과의 만남 등 경제, 사회적 측면에
서도 피해를 보는 경우가 많아져 파양의 원인이 되기도
합니다.
반려견과의 행복한 삶을 위해서는 반드시 분리불안에 대
해 공부하고 교육하는 자세가 필요합니다.

분리불안 증상 Check

— 보호자가 나간 문 쪽에서 하염없이 기다리기, 점핑하기,
  하울링하기
— 과도한 침흘림
— 배변실수
— 호분증(식분증)
— 과도한 흥분
— 집 안 물건 어지럽히기 / 파괴하기
— 정형행동
— 식음전폐
— 자해

분리불안 해소에 도움을 주는
BEST 3

1. 도그티비

도그티비는 반려견의 분리불안과 우울증을 치료하기
위해 수의사가 권장하는 TV 채널입니다. 반려견들의
시각에 맞게 특수 제작된 콘텐츠는 세계 최고 동물 전
문가들과 함께하였으며 스트레스 완화와 분리불안에
도움이 되는 프로그램임을 입증하였습니다.

(www.thedogtv.com)

2. 노즈워크 장난감

장시간 집을 비우거나 분리불안 증세를 보이는 반려견
에게 노즈워크 장난감을 활용해 보세요. 집을 나서기
전 간식을 넣은 노즈워크 장난감을 준다면, 장난감에
집중하여 분리불안을 해소할 수 있습니다. 코를 이용
한 감각놀이는 불안감과 스트레스를 낮춰 줍니다.
(니나오토슨 노즈워크 장난감)

트릿 메이지 67575

도그 토네이도 67332

도그 브릭 67333

3. 아로마 테라피

아로마 테라피는 노령견이나 분리불안이 있는 반려견
들의 후각 본능을 깨워 주면서 몸에 부드럽게 작용하
여 신체적, 정신적 건강 관리에 큰 도움이 됩니다.
(저스트파이브세컨즈 천연아로마 미스트 / 아인솝 아로
마 바스타임 입욕제)

PART 06

분리불안 교육 2

하우스에 들어가도 불안하지 않아요! – 분리불안 교육 2

유기견 보호소에서 뜰장이라 불리는 케이지 안에 반려견들이 갇혀 있는 모습, 일부 잘못된 훈련소에서 관리 소홀로 켄넬에 방치된 모습 등 켄넬 안에 억지로 가둬 두는 좋지 않은 모습이 매체를 통해 비춰졌습니다. 하지만 크레이트 교육은 반려견과 보호자 모두를 위해서 중요합니다. 크레이트 교육은 사용하는 용도에 따라 지옥 같은 감옥이 될 수도, 누구에게도 방해받지 않는 반려견만의 편안한 안식처가 될 수도 있습니다. 또한, 반려견의 문제행동들이 올바른 크레이트 교육을 통해 개선되기도 합니다.

"분리불안" 문제의 경우 크레이트 교육을 통해 자신만의 편안한 공간을 만들어 주면 분리불안 증세가 현저히 줄어들게 되며, 초인종 소리에 짖거나, 집에 찾아오는 손님들에게 무례한 행동을 많이 할 경우에도 크레이트 교육이 효과적으로 작용합니다. 반려견과 보호자 모두가 더욱더 행복해지기 위해서 올바른 크레이트 사용법을 반드시 숙지해야 할 의무가 있습니다.

* 크레이트 위에 물건을 올려
  두면 매우 위험합니다.

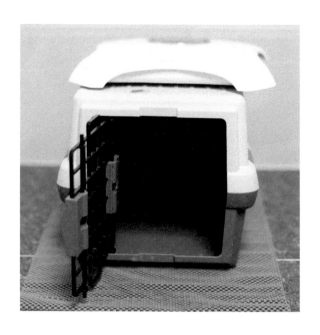

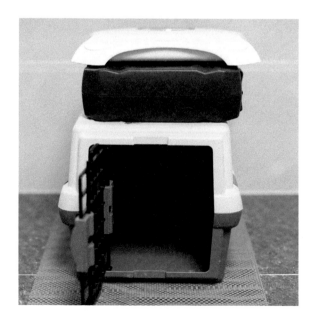

| 준비하기

크레이트, 트릿, 이불 및 매트

HOW TO TEACH

1. 크레이트를 반려견 주변에 둔 상태에서 반려견이 잘하는 행동을 시키며 보상을 많이 해 줍니다.
2. 반려견이 크레이트를 쳐다보면 C/T
3. 반려견이 크레이트 쪽으로 다가가면 C/T
4. 반려견이 크레이트 안에 한 발이라도 넣으면 C/T
5. 반려견이 크레이트 안에 두 발을 넣으면 C/T
6. 반려견이 크레이트 안에 네 발을 다 넣으면 C/T
7. 반려견이 크레이트 안에 들어가서 기다리거나, 앉거나, 엎드리면 C/T

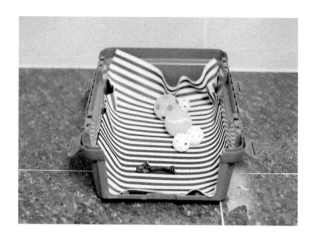

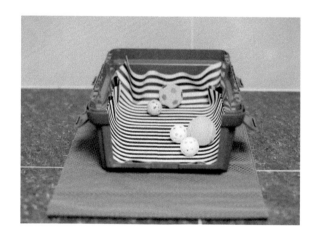

꾹 알아두세요!

수많은 방법 중 한 가지 방법이며, 6개월 이하의 반려견이나, 크레이트에 대한 부정적인 연계가 없는 반려견에게 사용되면 좋은 방법입니다. 만약 자신의 반려견이 크레이드를 무서워한다면 왜 무서워하는지 원인을 찾아야 합니다.

주의해 주세요

크레이트에 들어가려고 해도 크레이트가 미끄러지면 그것을 무서워하는 반려견이 있었습니다. 그래서 크레이트 밑에 미끄럼방지패드를 장착하여 미끄러지지 않게 바꾸어 주었더니 그다음부터는 잘 들어갔습니다. 또 다른 예로는, 크레이트 내부의 딱딱함을 거부하는 반려견이 있었는데, 크레이트 내부 4면을 좋아하는 방석과 같은 재질로 장착을 해 주었더니 편하게 잘 들어갔습니다.

모든 반려견 교육은 수학 공식처럼 정해져 있는 것이 아닙니다. 상황에 맞게, 반려견에 맞게 변화하고, 진화해야 합니다. 그렇기에 자신의 반려견에 대해서 더 정확히 알아야 하며, 보호자는 이런 문제가 생겼을 때 좀더 유연하고 창의적으로 반려견의 문제를 해결하려는 노력을 해야 합니다.

TIP!

강아지가 좋아하는 매트 종류

1. 푹신한 방석

포근하고 따뜻한 느낌을 좋아하는 강아지들을 위한
푹신한 마약 방석
(인히어런트 카스테라 쿠션)

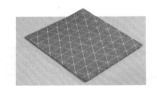

2. PVC매트

뛰어다니기 바쁜 활동적인 강아지들의 관절 건강을
위한 PVC매트
(디팡 펫플레이 매트)

3. 대리석 매트

뜨거운 여름철 더운 걸 싫어한다면 시원한 대리석 매
트! 사계절 사용 가능!
(에코폼 대리석 매트 도그자리 하이브)

꼭 알아두세요!

- 반려견 하우스의 종류

딩동펫 켄넬 하우스

라뜰리에드보아 원목 하우스

허츠앤베이 텐트 하우스

PART 07

식습관 교육

먹어도 먹어도 배가 고파요? – 식습관 교육

먹을 것만 보면 정신 못 차리는 너… 날 닮아서 그런거니?
밥도 간식도 많이 준 것 같은데 항상 배고프다는 너!
어떻게 해야 할까?

식탐의 원인 중 가장 보편적인 세 가지를 이야기하자면, 첫 번째 유전적 요인, 두 번째 경쟁의 상황, 세 번째 급여량의 부족입니다. 식습관을 방치하면 눈에 보이는 음식은 무조건 먹으려고 하기 때문에 꼭! 올바른 식습관을 만들어 주는 것이 중요합니다.

|준비하기

준비물
① 사료 or 간식 ② 좋아하는 장난감
③ 사료 디스펜서 장난감
④ 클리커 ⑤ 트릿 파우치

①

②

③

④

⑤

모든 교육은 항상 즐거움이 가득찬 상태에서 끝내야 합니다. 그 기준은 반려견이 잘할 때 끝내는 것이고, 반드시 가장 좋아하는 간식이나 장난감을 제공해야 합니다.

꾹 알아두세요!

반려견의 집중시간은 1~3분 내외이므로 교육을 너무 오래하지 않도록 주의! 너무 오랫동안 교육이 진행될 경우 보호자가 억지로 진행하는 즐겁지 않은 교육이 지속되어 반려견에게 스트레스를 주는 역효과를 낼 수 있습니다.

반려견이 어떤 음식에 반응을 할지 모르므로 꼭 여러 가지 음식을 준비해야 하며 마지막에는 오래 씹을 수 있는 음식을 제공해 주는 것도 좋은 방법입니다.

HOW TO TEACH

("클릭→트릿" 은 "C/T" 로 표기)

1. 교육 전, 오리엔테이션으로 C/T를 몇 번 해 줍니다.

2. 사료 or 간식을 손에 쥐고, 반려견이 냄새를 맡게 해준 후 앞발로 긁거나, 혀로 낼름거린다거나, 요구적 짖음을 보이면 손을 펴지 말고 기다립니다.

3. 반려견이 다른 행동들을 멈추고, 손에서 조금이라도 떨어진다면 간식을 쥔 손을 오픈해서 반려견의 뒤쪽으로 보상을 던져서 C/T를 해 줍니다(리셋을 시켜 주어야 반려견이 행동을 이해하는 데 더 도움이 됩니다).

4. 3번을 반복해서 해 줍니다.

5. 3번을 잘한다면, 동일하게 사료 or 간식을 손에 쥔 다음 조금 떨어질 때 주지 않고, 앉으면 C/T를 해 줍니다(단계를 점진적으로 늘려 주어야 합니다).

6. 만약 5번이 잘 되지 않는다면 3번으로 돌아가서 잘하는 것을 더욱더 강화시켜 주고 다시 5번으로 돌아옵니다.

7. 5번이 잘 된다면, 이제는 음식을 쥔 손을 오픈해서 주는 것이 아니라, 트릿파우치에서 보상을 줍니다.

8. 7번이 잘 안 된다면, 다시 5번으로 돌아가고, 5번으로 돌아갔는데도 잘 안 된다면 다시 3번으로 돌아가서 강화를 시켜 주면서 단계를 점진적으로 올려 줍니다.

9. 반려견이 3번 교육법까지 오는 데 1분 이상이 걸렸다면 3번에서 교육을 끝내야 하며, 끝낼 때는 반려견이 가장 좋아하는 간식을 주며 칭찬과 함께 끝냅니다.

기다려주세요!

HOW TO TEACH 2
-행동에 단어를 입히기

1. 반려견이 손에서 조금 떨어지는 행동을 완벽하게 한다면, 손에서 멀어짐과 동시에 원하는 단어를(예: 기다려) 이야기한 후 반려견이 잘 멀어졌다면 C/T를 해 줍니다.

2. 1번을 잘한다면, 손에서 멀어지기 전에 '기다려' 라는 큐를 해 주고, 반려견이 잘 멀어졌다면 C/T를 해 줍니다.

3. 2번까지 오는 데 반려견이 이해를 못 한다거나, 어려워한다면 반드시 전 단계로 돌아가서 다시 강화를 시키는 작업을 해야 합니다.

4. 3번까지 완벽하게 진행되었다면, '기다려'라는 큐를 준 후 손을 내밀고, 잘 기다린다면 C/T를 해 줍니다.

HOW TO TEACH 3

1. 여러 가지 반려견 디스펜서 장난감이 많습니다. 난이도가 나뉘어 있어 디스펜서 장난감을 처음 접하는 반려견들에게 쉽게 알려줄 수 있는 제품이 많습니다.
2. 처음엔 난이도가 낮은 제품으로 시작하여 반려견이 이해를 하는 부분에 교육을 집중합니다.
3. 난이도를 점점 올리면서 반려견이 가장 좋아하는 난이도를 잘 파악한 뒤 식사 시간에 좋아하는 디스펜서 장난감에 밥을 줍니다.
4. 밥을 줄 때는 앞에서 했던 식탁 교육을 진행한 뒤 마지막 보상으로 디스펜서 장난감을 주어도 아주 좋은 방법입니다.

TIP!
좋은 음식? 나쁜 음식?

GOOD

당근 / 닭가슴살 / 요거트 / 쌀밥 / 두부 / 브로콜리 / 달걀 노
른자 / 바나나 / 블루베리 / 북어 /연어

BAD

아보카도 / 포도 / 마카다미아 / 덜 익은 토마토 / 양파 / 마늘
/ 카페인 / 우유 / 초콜렛 / 빵

추천!

무료로 사료, 간식을 체험하는 방법

추천! 반려인 필수 앱 꼬리

사료 고르기 어려우신 분들을 위한 꿀팁!
이제 비교하고 먹여 보고 구매하세요!

반려견의 주식인 만큼 쉽게 바꾸지 못하는 사료들을 한눈에 비교해 보고
체험해 볼 수 있는 앱 서비스, 꼬리!
클릭 한 번이면 새로운 사료를 무료로 배송받아 먹여 볼 수 있고, 체험했던
사료는 최저가로 구매까지 가능!
꼬리에서 반려견에게 딱 맞는 사료를 찾아 주세요!

[꼬리 앱 사료 체험 방법]

1. 꼬리 앱에서 급여하고 싶은 사료를 선택한다.
2. 현재 급여하고 있는 사료와 내가 고른 사료들의 정보를 한눈에 비교한다.
3. 모두 체험해 본 후 최저가로 본품까지 바로 구매한다!

* 매달 정기배송 신청 가능

PART 08

노즈워크

우리 강아지도 천재견이 될 수 있을까? – 노즈워크

노즈워크는 단순히 먹이를 찾는 놀이가 아니다!

개는 후각이 굉장히 뛰어난 동물 중 하나입니다. 탐지견으로 활발하게 후각 활동으로 활약하기도 하지만 일반 가정에 있는 반려견들은 시대가 거듭될수록 후각의 능력이 쇠퇴하고 시각의 능력이 발달되고 있습니다. 이런 변화에 따라 반려견은 스트레스에 더 쉽게 노출됩니다. 후각을 사용하면 신진대사가 활발해지고 에너지를 소비하게 되며 그로 인해 스트레스 감소 효과를 볼 수 있습니다.

|준비하기

준비물
① 사료 or 간식 ② 작은 박스 여러 개
③ 에센셜 오일(천연) & 면봉
④ 구멍이 뚫린 동그란 밀폐용기

①  ②

③  ④

2인 1조로 진행하는 것이 가장 좋으며, 부득이할 경우엔
혼자서 진행해도 되지만 방법이 약간 바뀝니다.

HOW TO TEACH

1. 작은 박스 위에 트릿을 올려 놓습니다.

2. 반려견이 박스 위에 있는 트릿을 잘 먹는다면 트릿을 박스 안에 넣고, 박스 앞에 앉거나, 엎드리거나, 손으로 툭툭 치거나 하는 특정한 행동을 한다면 박스를 열고 트릿을 제공합니다.

3. 1, 2번을 잘한다면 박스의 개수를 반려견이 이해할 수 있는 범위에 한해서 점차 늘려 줍니다(가정에서 진행 시 5개면 됩니다).

4. 이 방법은 넓은 공원이나 집안 거실에서 진행하기보단 방이나 울타리를 쳐놓아 범위가 한정적인 곳에서 진행하는 것이 더 효과적입니다.

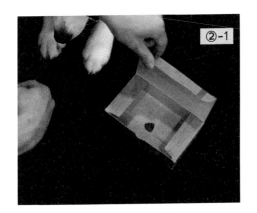

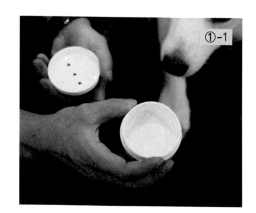

HOW TO TEACH 2

1. 에센스를 면봉에 묻힌 뒤 면봉을 반으로 잘라 구멍 뚫린 밀폐용기에 넣습니다.
2. 1단계에서 박스를 사용한 것과 동일한 구조이며, "트릿을 찾는 것"에서 "냄새가 나는 물건을 찾는 것"으로 발전된 것입니다.
3. 1, 2번을 잘 한다면 밀폐용기의 개수를 늘려 줍니다. 여러 개의 밀폐용기 중 냄새가 나는 밀폐용기를 찾으면 트릿을 제거합니다.

현재 우리나라에 알려진 노즈워크는 1단계까지…

1단계는 노즈워크를 소개시켜 주는 단계이며, 1단계만 행해져서는 결코 좋지 않습니다.

꼭 알아두세요!

노즈워크는 '음식을 찾는 것이 아닌, 음식을 얻기 위해 특정한 냄새가 나는 물건을 찾아야 한다'라는 교육으로 이어져야 합니다. 미국에서 예전부터 진행되어 온 노즈워크 방법이며, 1단계만 진행했을 때의 부작용도 언급했습니다. 따라서 반려견 보호자들은 노즈워크에 대해서 다시 한번 돌이켜보고, 노즈워크가 정확히 무엇인지에 대해 고민하고 배워야 할 필요가 있습니다.

TIP!

노즈워크 놀이 방법
- 집에서 쉽고 간단하게 하는
노즈워크!

1. 종이로 하는 노즈워크

집에서 가장 쉽고 간단하게 할 수 있는 노즈워크는 종이와 간식만 있으면 됩니다.

① 종이를 작게 자르고 그 위에 간식을 놓으세요.

② 종이를 접어서 간식이 보이지 않게 해 주세요.

③ 종이를 바닥에 두고 강아지가 간식을 찾을 수 있게 해 주세요.

④ 한 개는 쉽게 찾는다면 같은 방식으로 종이를 여러 개 접어 바닥에 뿌려 주세요.

* 종이컵 또는 박스에 간식을 넣어 노즈워크 놀이를 해도 됩니다.

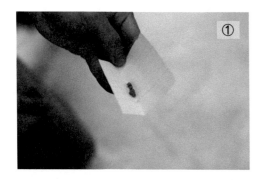

2. 노즈워크 장난감 또는 코담요

시중에 판매되는 노즈워크 장난감을 활용하는 노즈
워크 놀이입니다.

① 노즈워크 장난감 안에 간식을 넣어 주세요.

② 장난감을 바닥에 두고 반려견이 후각을 이용하여
간식을 찾도록 해 주세요.

③ 단계별로 구성된 노즈워크 장난감으로 난이도를
조절할 수 있습니다.

* 집을 비우거나 보호자 부재시 분리불안을 해소할 수
있어요.

추천!
노즈워크 장난감

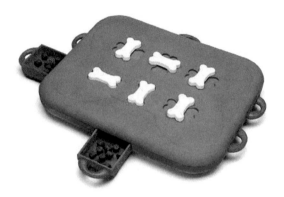

니나오토슨 노즈워크 장난감

아띠프렌드 오뚜기 장난감

전용진 트레이너

현 Thingking Dog 대표 트레이너
현 방문교육 전문 트레이너
전 S.A.C 애완동물계열 겸임교수
전 씨티칼리지 애완동물계열 겸임교수
KPA shelter Training & Enrichment
KPA Dog Trainer Foundation
KPA Puppy start Right For Instructors
KPA Canine Freestyle
KPA Dog Sport Essential
KPA Train your Cat
KPA Better Veterinary Visit
KPA Concept Training : Modifier Cues
KPA Concept Training : Let's Get Started

USA Pet Academy & Wellness Services
Companion Professional Class
Companion Puppy Class
웹드라마 "더 미라클" 출연견 교육
동물농장 "하루" 어플 강민경 반려견 교육
산업방송 채널i "반려견 올바른 목욕 방법" 촬영
부산 케이펫페어 강연
Moccozy 주최 클리커트레이닝 보호자 세미나 강사
스포츠 경향 "반려닭 교육" 인터뷰

blog 블로그 : https://blog.naver.com/thinking_dog
▶ 유튜브 : Thinkingdog

매일 10분이면 우리 강아지도 천재견

초판발행   2020년 3월 25일

지은이   전용진
엮은이   펫라이크
펴낸이   노 현

편 집   박송이
기획/마케팅   김한유
표지디자인   이미연
제 작   우인도 · 고철민

펴낸곳   피와이메이트
    서울특별시 금천구 가산디지털2로 53 한라시그마밸리 210호(가산동)
    등록 2014. 2. 12. 제2018-000080호
전 화   02)733-6771
f a x   02)736-4818
e-mail   pys@pybook.co.kr
homepage   www.pybook.co.kr
ISBN   979-11-89005-45-0 03490

정 가   12,000원

박영스토리는 박영사와 함께하는 브랜드입니다.